BEI GRIN MACHT SICH IHR WISSEN BEZAHLT

- Wir veröffentlichen Ihre Hausarbeit,
  Bachelor- und Masterarbeit

- Ihr eigenes eBook und Buch -
  weltweit in allen wichtigen Shops

- Verdienen Sie an jedem Verkauf

Jetzt bei www.GRIN.com hochladen und kostenlos publizieren

Amalia Aventurin

Bericht zum Praktikum „Analytische Methoden" im Modul „Mikroanalytik"

GRIN Verlag

Bibliografische Information der Deutschen Nationalbibliothek:

Die Deutsche Bibliothek verzeichnet diese Publikation in der Deutschen National-
bibliografie; detaillierte bibliografische Daten sind im Internet über http://dnb.d-
nb.de/ abrufbar.

Impressum:

Copyright © 2012 GRIN Verlag GmbH
Druck und Bindung: Books on Demand GmbH, Norderstedt Germany
ISBN: 978-3-656-34991-4

GRIN - Your knowledge has value

Der GRIN Verlag publiziert seit 1998 wissenschaftliche Arbeiten von Studenten, Hochschullehrern und anderen Akademikern als eBook und gedrucktes Buch. Die Verlagswebsite www.grin.com ist die ideale Plattform zur Veröffentlichung von Hausarbeiten, Abschlussarbeiten, wissenschaftlichen Aufsätzen, Dissertationen und Fachbüchern.

Besuchen Sie uns im Internet:

http://www.grin.com/

http://www.facebook.com/grincom

http://www.twitter.com/grin_com

Bericht zum Praktikum „Analytische Methoden" im Modul

„Mikroanalytik" im WS 11/12

Inhaltsverzeichnis:

1 Einleitung

Das Modul „Mikroanalytik" liefert eine Einführung in die Anwendung analytischer Untersuchungsmethoden und die Auswertung der erhaltenen Resultate. Im Rahmen des Praktikums „Analytische Methoden" werden die erworbenen Kenntnisse anhand der Analysegeräte umgesetzt.

Im folgenden Bericht werden die Analysegeräte REM, Mikrosonde, TEM, AFM und das Röntgenpulverdiffraktometer genauer beschrieben und genauer erläutert.

2 Rasterelektronenmikroskop (REM)

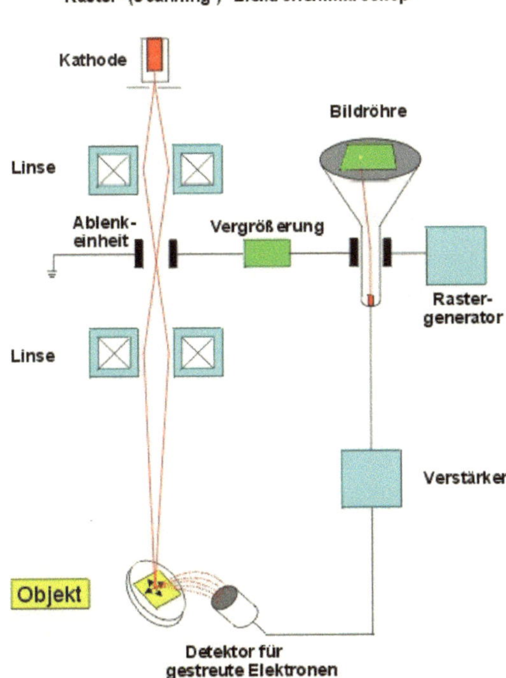

Abb.1: Schematischer Aufbau eines REM [1]

Das Rasterelektronenmikroskop, oder kurz REM, wird verwendet, um durch Rasterung eines Objektes mit Hilfe eines Elektronenstrahls, Vergrößerungen von bis zu 10nm zu ermöglichen. Diese hohe Auflösung und die hohe Schärfentiefe werden dazu verwendet, auch kleinere Strukturen abbilden zu können und liefern eine gute qualitative Bildanalyse. Der Aufbau eines REM sieht wie folgt aus und ist auch in Abb. 1 zu sehen: Als Strahlungsquelle dient eine Wolfram-Glühkathode, die im Vakuum auf fast 2.000°C erhitzt wird und so eine Hochspannungsversorgung von 0,1-30kV ermöglicht. Die Beschleunigungsspannung kann an dieser Stelle nach Bedarf eingestellt werden: Eine erhöhte Beschleunigungsspannung ermöglicht eine Zunahme der erzielbaren Auflösung und der Tiefeninformation, kann aber bei nichtleitenden Proben zur Zunahme von Aufladungserscheinungen führen. Zur Verbesserung der Leitfähigkeit wird die Probe poliert und mit einer Schicht aus Kohlenstoff überzogen. Durch den Strom werden nun Elektronen freigesetzt, die durch den Steuerzylinder (Wehnelt-Zylinder) zur Anode geleitet werden und so auf annähernde Lichtgeschwindigkeit beschleunigt werden. Das vorhandene Vakuum ist nötig, um eine Kollision des Elektronenstrahls mit den Luftmolekülen zu verhindern. Beim Verlassen der Anode wird der primäre Elektronenstrahl, der die Abbildungsoptik darstellt, durch einen Kondensor – bestehend aus einer elektromagnetischen Spule – geleitet und zu einem punktförmigen Strahl gebündelt. Dies erfolgt dadurch, dass der Strahl durch mehrere magnetische Elektronenlinsen verkleinert wird. Unter Wirkung der Lorentzkraft werden die Elektronen innerhalb des Magnetfeldes auf Schraubenbahnen abgelenkt und anschließend wieder in einem Brennpunkt vereinigt. Der nun punktförmige primäre Elektronenstrahl tastet die Oberfläche des zu untersuchenden Objektes ab. Bei diesem Vorgang, der sogenannten „Rasterung", entstehen Röntgenstrahlen, sekundäre und rückstreuende Elektronen und Wärme, wie in Abb.2 beispielhaft dargestellt. Der für das REM wichtige sekundäre Elektronenstrahl stammt aus den Atomen des bestrahlten Materials, wird mit Hilfe des SE-Detektors detektiert und mit Hilfe der Scan-Elektronik auf einem Computer digital abgebildet.

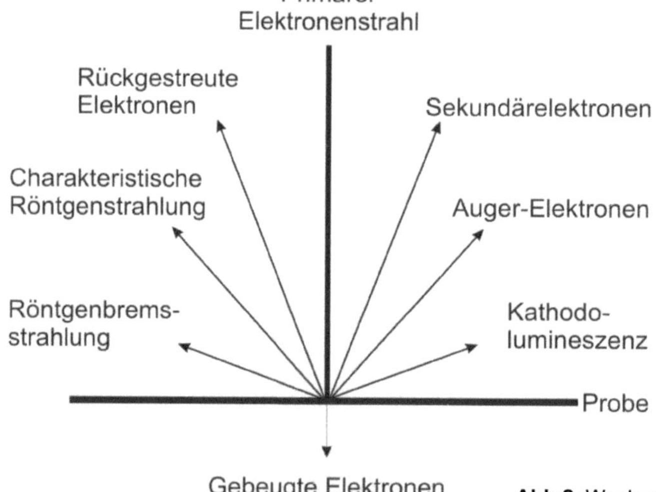

Abb.2: Wechselwirkungsprozesse im Rasterelektronenmikroskop [2]

Der Arbeitsabstand, oder der Fokus, wird beim REM durch das Objektiv verändert: Ein höherer Arbeitsabstand ermöglicht eine Zunahme der Schärfentiefe, aber eine Abnahme der Auflösung. Auch kann am Objektiv die Blendegröße verändert werden: Eine hohe Blendengröße bedingt hohe Strahlströme und eine Zunahme des Signals und ist somit vorteilhaft für die EDX-Analyse, allerdings nimmt dadurch die Auflösung und die Schärfentiefe ab.

Die entstandenen Röntgenstrahlen sind für die energiedispersive Röntgenanalyse, kurz EDX, von Bedeutung. Die Röntgenstrahlen entstehen dadurch, dass bei der Bestrahlung des Objektes mit einem primären Elektronenstrahl ein Elektron herausgeschleudert wird und dieser „leere Platz" durch ein neues, energiereicheres Elektron aus den höheren Orbitalen aufgefüllt wird. Die entstandene Energiedifferenz wird in Form eines Röntgenquants frei. Die entstandene Röntgenstrahlung ist charakteristisch für ein Element und deren Übergang. Für ein Element sind jedoch mehrere Übergänge erlaubt, je nachdem aus welchem Energieniveau die Röntgenquanten stammen. Sie werden mit K_α, K_β, L_α, usw. beschrieben. In Abb. 3 ist dieses Prinzip noch einmal zu sehen.

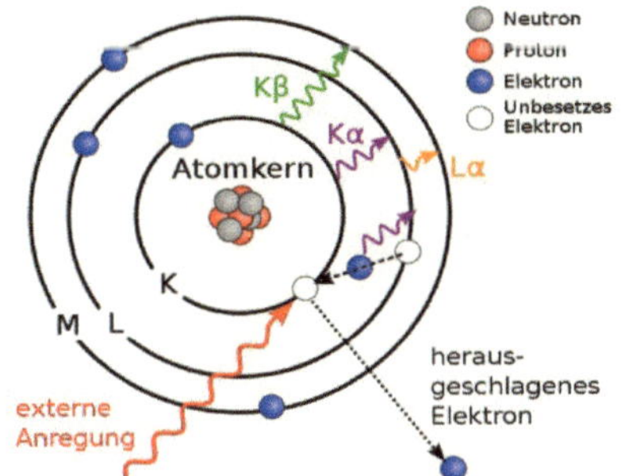

Abb.3: Atommodell zur Erklärung der Entstehung der Röntgenemission (EDX) [3]

Der Detektor misst nun die Energie jedes eintreffenden Röntgenphotons und trifft anhand dessen eine Aussage darüber, um welches Element es sich handelt. In Abb.4 ist beispielhaft ein Linienspektrum eines Rutils aus einem Eklogit aufgeführt. In der Mineralogie ist diese Methode von großer Bedeutung, denn so lassen sich Aussagen über die chemische Zusammensetzung von Mineralen und Gesteinen treffen. Auf diesen Ergebnissen aufbauend, können weitere Analysen durchgeführt werden.

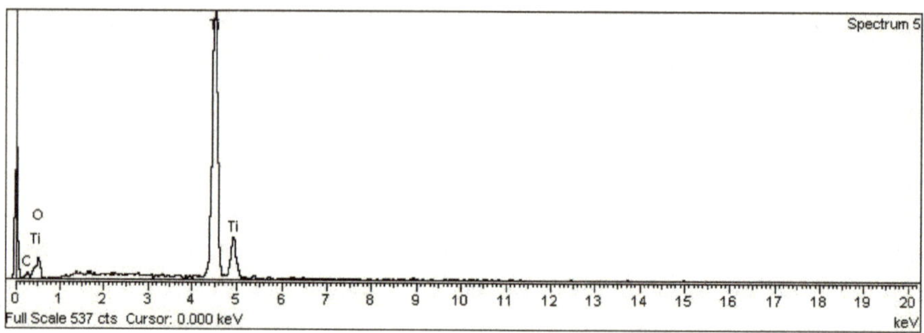

Abb.4: Beispielhaftes Linienspektrum eines Rutils aus einem Eklogit (während des Praktikums entstanden)

3 Mikrosonde

Die Mikrosonde ist prinzipiell genauso aufgebaut und wird auch fast genauso bedient, wie das Rasterelektronenmikroskop, wird jedoch ergänzt durch den Einbau eines Spektrometers, wie in Abb. 5 zu sehen ist.

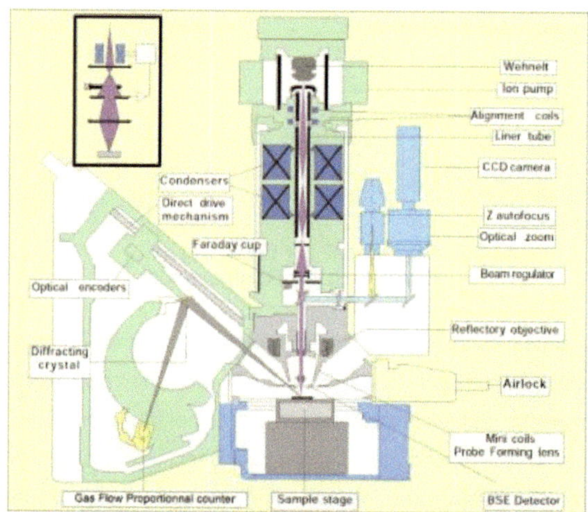

Abb.5: Schematischer Aufbau einer Mikrosonde [4]

Das Filament, bestehend aus einem Wolfram-Haarnadel-Draht an der Spitze, wird im Vakuum durch Anlegen einer Hochspannung von 15kV erhitzt. Etwa eine Stunde dauert es, bis eine Sättigung des Filaments erreicht ist und der Strahlstrom stabil ist. Der gebildete Elektronenstrahl trifft anschließend auf die Kondensorlinsen. Dort wird die Intensität auf 15nA eingestellt. Nun wird ein, auf einige wenige Mikrometer fokussierter, Elektronenstrahl auf die Probe ausgesendet. Wichtig für die Mikrosonde sind die herausgeschleuderten

Röntgenstrahlen, die beim Elektronenbeschuss der Probe entstehen. Je nachdem, welches Element bestrahlt wird, entstehen jeweils Röntgenstrahlen mit einer charakteristischen Wellenlänge und Energie. Diese Röntgenstrahlen treffen nun auf den Analysekristall im Spektrometer und werden in einem bestimmten Winkel, dem sogenannten „Rowland-Kreis" folgend, zum Detektor hin abgeleitet. Die gemessenen Zahlenwerte werden anschließend gegen einen Standard ausgetauscht und verglichen. Anhand dieser Standards, deren zugehörige Kristalle sich im Inneren der Mikrosonde befinden, kann eine genaue Aussage über die vorhandenen chemischen Elemente gemacht werden. Zur genaueren Bestimmung der Zusammensetzung nutzt man anschließend folgende Systeme:

Beim energiedispersiven System, kurz EDS, werden die Röntgenstrahlen nach ihrer Energie, mittels eines mit flüssigem Stickstoff gekühltem Halbleiterdetektors, getrennt. Damit ist eine grobe chemische Analyse der Elemente möglich, die aber teilweise sehr ungenaue Peaks für einige Elemente liefert. Auch ist es teilweise schwierig, einige Elemente, wie z.B. Molybdän und Titan, auseinander zu halten, da die Peak-Auflösung relativ ungenau ist. Auch werden alle chemischen Elemente, die in geringerer Konzentration als einem Gewichtsprozent vorkommen, erst gar nicht mehr angezeigt. Der Vorteil dieser Methode ist jedoch, dass innerhalb weniger Sekunden mehrere Komponenten gleichzeitig analysiert werden. Um jedoch einen genaueren und besseren Überblick über einzelne chemische Elemente zu bekommen, wird das wellenlängendispersive System, kurz WDS, genutzt, welches Kristallspektrometer zur Trennung der Röntgenstrahlung, nach ihrer Wellenlänge, benutzt. Für die Analyse unterschiedlicher chemischer Elemente gibt es verschiedene Analysekristalle mit einer charakteristischen Wellenlänge, deswegen sollte man sich vorher im Klaren darüber sein, welchen Kristall man zur Analyse welches chemischen Elements wählen will. Die Unterschiede verschiedener Analysekristalle können beispielhaft in Abb. 6 betrachtet werden.

Ist die Analyse erst mal abgeschlossen, liefert das WDS eine bis zu zehnmal bessere Peak-Auflösung, als das EDS, und zudem Nachweisgrenzen von niedrigen Konzentrationen bis zu 30ppm (0,003 Gew. %).

Neben der Einzelpunkt-Analyse bietet die Mikrosonde auch die Möglichkeit, die Verteilung chemischer Elemente über einen bestimmten Bereich zu „kartieren". Dazu wird der Elektronenstrahl zur Rasterung über die Probe bewegt („Beam scan"). So können Inhomogenitäten im Bereich von einigen µm untersucht werden.

Zusätzlich beinhaltet die Mikrosonde noch ein optisches Auflichtmikroskop zur genaueren Betrachtung der Probe und auch zur Orientierung.

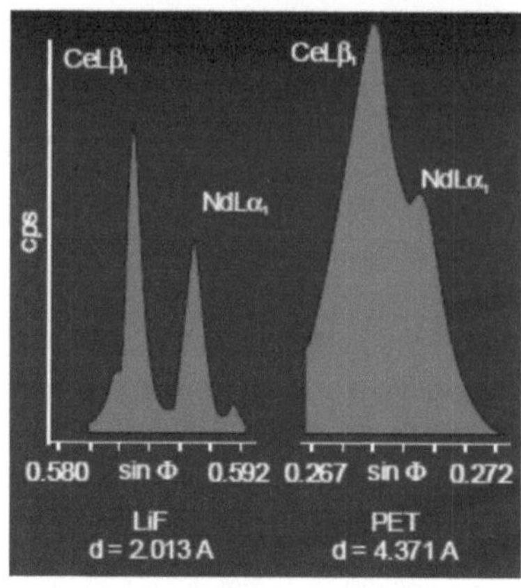

Abb.6: Beispielhafte Darstellung der Peak-Auflösung anhand unterschiedlicher Analysekristalle (während des Praktikums entstanden)

Ein wichtiger Punkt, der bei jeder Messung zu berücksichtigen ist, sind die auftretenden Messungenauigkeiten, die vor allem durch Temperaturschwankungen auftreten können. Um diesen Ungenauigkeiten entgegen zu wirken, müssen die Peaks für jedes Element nach einer gewissen Zeit (etwa drei Wochen) neu bestimmt werden. Dazu wird mittels der Standardkristalle für jedes Element ein bestimmter Punkt ausgewählt und 5mm links und rechts davon, 5s der Peak und 2,5s der Untergrund, oder „Background", gemessen. Diese Werte werden gegeneinander aufgewogen und der Peak für das betreffende Element neueingestellt. Für jedes Element gibt es dabei einen spezifischen Mineralstandard, so wird beispielsweise zur Neueinstellung von Natrium ein Jadeit-Kristall verwendet. Zusätzlich gibt es für jedes Element spezifische Nachweisgrenzen, die in verschiedenen Publikationen festgehalten sind, um zusätzlich den gemessenen Standard mit der Literatur abgleichen zu können. Eine beispielhafte Nachweisgrenze von Titan mittels eines Granat-Kristalls ist in Abb. 7 zu sehen. Eine beispielhaft durchgeführte Testmessung eines Chrom-Diopsids ergab eine Übereinstimmung der gemessenen Werte mit der Publikation.

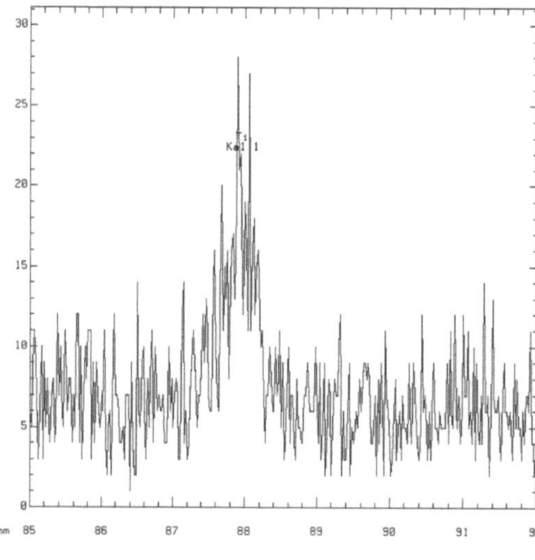

Abb. 7: Nachweisgrenze von Titan an einem Granat-Kristall (während des Praktikums

entstanden

Obwohl die Mikrosonde zur optischen Darstellung von Proben nicht so gut geeignet ist, wie das REM, liefert es doch einigermaßen gute Bilder, wie in Abb. 8 zu sehen ist.

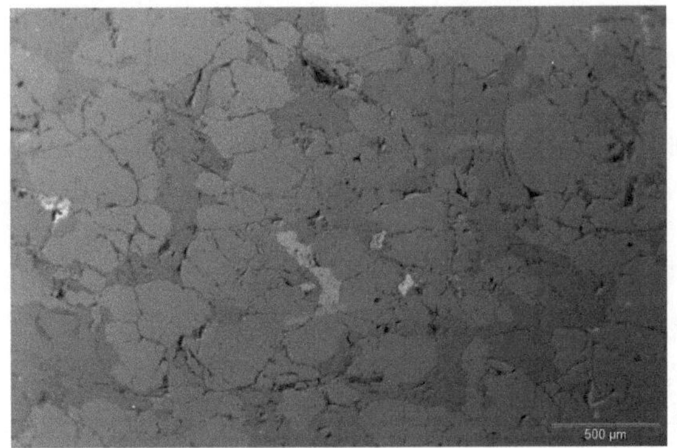

Abb. 8: Optische Darstellung eines Eklogits (während des Praktikums entstanden

4 Transmissionselektronenmikroskop (TEM)

Das Transmissionselektronenmikroskop, oder auch kurz „TEM" genannt, ist die Umsetzung eines klassischen optischen Mikroskops auf die Elektronenoptik und dient zur Darstellung atomarer und struktureller Details und zur Untersuchung von Baufehlern der Kristallstruktur auf atomarer Ebene. Im Praktikum wurde an dem Modell „Jeol 3010" gearbeitet, bei dem es sogar möglich ist, eine energiedispersiven Röntgenspektroskopie (EDX-Analyse) im Nanometerbereich durchzuführen. Ein schematischer Aufbau dieses TEMs ist in Abb. 9 dargestellt.

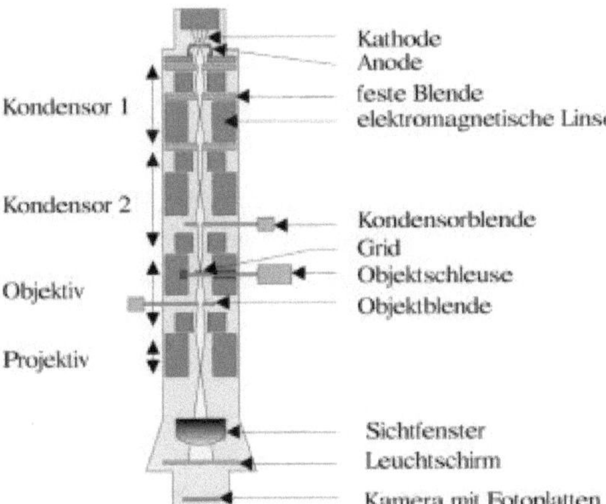

Abb. 9: Schematischer Aufbau eines TEM [5]

Dieses TEM besitzt eine Lanthan-Hexaborid-Kathode (LaB$_6$) als Elektronenquelle und erzeugt einen Elektronenstrahl von bis zu 300kV. So eine Beschleunigungsspannung kann nur durch eine Erhitzung des Filaments (einer Wolfram-Kathode) von 2000-2700°C erzeugt werden. Die starke Streuung der erzeugten Elektronen, erfordert ein Hochvakuum von bis zu 10^{-5} Pa, das nur durch Anlegen mehrere Vakuumpumpen stabil gehalten werden kann. Nur mit dieser hohen Elektronenergie ist es möglich, extrem kleine Wellenlängen zu erzeugen und so die Gitternetzebenen von Mineralen abzubilden. Eine beispielhafte Aufnahme eines Gneises ist in Abb. 10 dargestellt. Diese Aufnahme ist während des Praktikums entstanden.

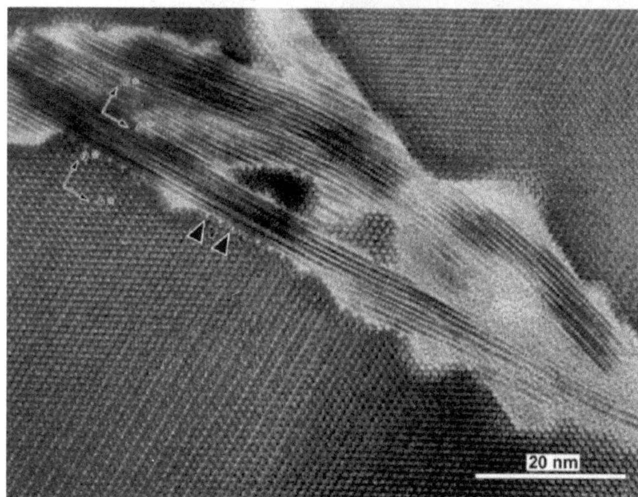

Abb. 10: Beispielhafte Aufnahme eines alterierten Gneises unterm TEM

Die starke Vergrößerung ist dabei allerdings sehr empfindlich. Schon leichte Vibrationen stören die Darstellung enorm. Der erzeugte Elektronenstrahl wird, mit Hilfe eines Systems von Kondensorlinsen, zu einem Punktstrahl gebündelt und fokussiert, der zudem noch die Größe des Elektronenstrahls (spot size) bestimmt und durch die extrem dünne Probe von ungefähr 100nm hindurchgeschickt wird. Eine „spot size" von 1 bedeutet dabei eine hohe und helle Auflösung, eine „spot size" von 5 eine niedrige und dunkle Auflösung. Mit Hilfe der Objektivlinsen wird im weiteren Verlauf der Elektronenstrahl eingefangen und auf den Leuchtschirm geleitet. Dieser Leuchtschirm ist mit Zinksulfidpartikeln besetzt, die die Elektronen durch ein leuchtendes Grün sichtbar machen. Als Detektoren dienen hierbei CCD-Kameras. Die Probe, die dabei verwendet wird, muss trocken, elektronentransparent und leitend sein. Dazu wird sie im Vorfeld durch bestimmte Präparationsmethoden, wie beispielsweise durch die Pulverpräparation, die Ionenmühle, durch „Precision Ion Polishing System" (PIPS), durch „Focused Ion Beam" (FIB), oder einige andere, vorbereitet.

Eine weitere Eigenschaft des TEM ist es, neben der Bildgebung, auch das Beugungsmuster von Kristallstrukturen darzustellen. Dies geschieht dadurch, indem der Fokus verändert wird.

Ein wichtiger Faktor zur Erstellen von Beugungsmustern ist die Erfüllung der Bragg-Gleichung, welche nur dann gegeben ist, wenn ein reziproker Gitterpunkt auf der Ewald-Kugel liegt. In Abb. 11 ist dieses Prinzip noch einmal vereinfacht dargestellt. Ist diese Bedingung erfüllt, enthält das Beugungsmuster alle Informationen des realen Gitters. Ein Beispiel für so ein reziprokes Gitter ist in Abb. 12 zu sehen.

Die Nachweisgrenze des TEM liegt bei 0,5 Atom-%. Eine Spurenelementanalyse ist dabei nicht möglich.

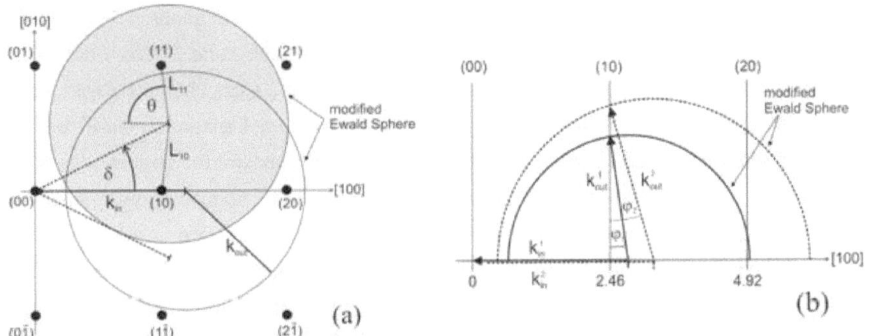

Abb. 11: Prinzip der Ewald-Kugel und Erfüllung der Bragg-Gleichung zur Erstellung von Beugungsmustern [6].

Abb. 12: Beispiel für ein Elektronenbeugungsmuster eines Einkristalls im reziproken Raum [7]

Neben den genannten Methoden zur Bilderzeugung und -analyse, bietet das TEM jedoch noch viele weitere Methoden, die während des Praktikums zwar nicht durchgeführt wurden, aufgrund ihrer Wichtigkeit aber dennoch - zumindest einige - erwähnt werden sollten. So kann man durch die Methode „Brightfield" (BF) und „Darkfield" (DF), die Morphologie von Proben, deren Phasenverteilung und Baufehler sichtbar machen. Die „Selected Area Electron Diffraction"-Methode (SAED) ist zur Phasenbestimmung gut geeignet, während das

„High Resolution TEM" (HRTEM) zur Bestimmung von Phasengrenzen, Realbau und Strukturdetails geeignet ist. Die „Electron Energy Loss Spectroscopy"-Methode (EELS) und das Energyfiltered TEM (EFTEM), liefern Informationen über Zusammensetzung, Koordination und Elementverteilung.

5 Rasterkraftmikroskop - Atomic Force Microscopy (AFM)

Das Rasterkraftmikroskop, oder auch kurz „AFM", ist eine Untersuchungsmethode zur genauen Analyse der oberflächennahen Struktur von Mineralen und anderen Proben, im Bereich von 10µm bis 10nm. Dazu fährt eine sehr feine und sehr harte Spitze, oder auch „Tip" aus Si_3N_4, die auf einem Federbalken, oder „Cantilever", sitzt, über die Probe. Die Wechselwirkung zwischen Spitze und Probe folgt dabei dem Lennard-Jones-Potential. Gleichzeitig wird der Cantilever bei der Rasterung mit einem Lasterstrahl bestrahlt, dessen Reflexion von einem Fotodetektor aufgenommen wird. So können schon kleinste topographische Unebenheiten, anhand der schwankenden Reflexion des Lasers, erfasst werden und somit ein genaues Abbild der Oberflächenbeschaffenheit erzeugt werden. Dabei sind jedoch keine Aussagen über die chemische Zusammensetzung möglich. Der Scanner zur Bilderfassung ist dabei aus einem Piezokristall, wie Perovskit, gefertigt und ermöglicht eine präzise Abbildung in 3 Richtungen: X, Y und Z. Durch das Vor- und Zurückfahren des Cantilevers ist eine sehr genaue Darstellung der X- und Y- Richtung möglich. Die Darstellung der Z-Richtung ist dagegen, aufgrund der Dicke des Tip's selbst, auf 1nm begrenzt. Eine größere Ausrichtung des Tip's in diese Richtung würde ein ungenaues und unscharfes Bild erzeugen. Des Weiteren ist ein spezieller Piezokristall deshalb nötig, um den Stromschwankungen des AFM von +220V bis -220V standzuhalten. Eine Abbildung des schematischen Aufbaus ist in Abb. 13 zu sehen.

Das AFM bietet verschiedene Möglichkeiten, wie eine Bildgebung erfolgen soll. Die drei Hauptmodi sind dabei der „contact mode", der „tapping mode" und der „non-contact mode".

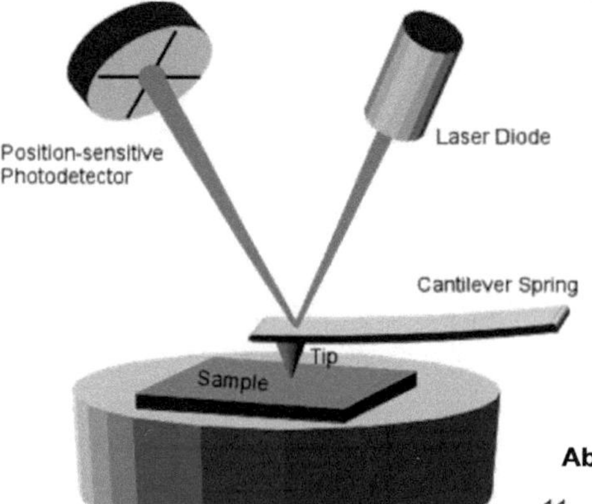

Abb. 13: Schematischer Aufbau eines AFM [8]

Für die Mineralogie ist diese Art der Mikroskopie besonders von Vorteil, da man verschiedene Oberflächeneigenschaften von Mineralen, wie Topographie, Rauheit, Form, Höhe und Tiefe, Dicke und magnetische und elektrische Eigenschaften im Nanobereich beobachten kann. Auch können dadurch in-situ Reaktionen, wie Kristallwachstum und die Auflösung von Mineralen und Mischkristallen, ebenso wie verschiedene Austauschreaktionen an Mineralen, durch Zufuhr anderer chemischer Elemente, beobachtet werden. Des Weiteren kann mit Hilfe des AFM, auch der Effekt von organischen oder anorganischen Elektrolyten, wie beispielsweise destilliertem Wasser, analysiert werden.

Im Praktikum selbst wurde im „contact mode" ein Kristallwachstumsversuch mit Hilfe eines Islandspats aus Mexiko - einem zu 99,9% reinem Kalzit, der in Abb. 14 zu sehen ist und während des Praktikums aufgenommen wurde - und einer 0,25mmol $CaCO_3$-Lösung durchgeführt, um in-situ Reaktionen zu erzeugen und zu verfolgen.

Abb. 14: Islandspat aus Mexiko, unterm AFM betrachtet

Um diese Lösung zunächst herzustellen, wurden 50ml Na_2CO_3-Lösung und 50ml $CaCl_3$-Lösung in 200ml destilliertem Wasser gemischt. Bei 40% Luftfeuchtigkeit und 22°C Raumtemperatur wurde diese Lösung direkt auf die Kalzit-Probe aufgetragen, während diese sich - mit einem Leit-C-Kleber befestigt - im AFM befand. Dabei wurde die Rasterung nicht unterbrochen und das Kristallwachstum konnte direkt mitverfolgt werden. Dabei konnte man nun beobachten, wie sich durch die Zufuhr der $CaCO_3$-Lösung auf der Oberfläche des Kristalls, charakteristische Pyramiden-Strukturen, oder auch „Spyros", ausgebildet haben, die in Abb. 15 gut sichtbar sind. Schon nach 216 Sekunden bildeten sich Körner mit einer Länge von 0,0533µm und einer Breite von 0,391µm. Die Kornhöhe betrug dabei 0,052nm. Ihr Maximum erreichten sie nach weiteren 20 Minuten und 52 Sekunden. Zu diesem Zeitpunkt ist das gemessene Korn auf 3,167µm Länge und 1,934µm Breite angewachsen. Die Korngröße betrug dabei 0,175nm.

Abb. 15: Ausbildung charakteristischer „Spyros"
durch Zufuhr einer 0,25mol $CaCO_3$-Lösung mit
Markierung des gemessenen Korns (während des
Praktikums aufgenommen und anschließend
bearbeitet)

Durch Zufuhr von destilliertem Wasser, beginnen sich die „Spyros" direkt aufzulösen. Dieser Abbau der Pyramiden-Struktur kann in Abb. 16 betrachtet werden. Nach weiteren 454 Sekunden ist das in Abb. 16 angewachsene Korn auf 1,623µm Länge und 1,45µm Breite geschrumpft. Die Kornhöhe zu diesem Zeitpunkt betrug nur noch 0,066nm. Nach weiteren 428 Sekunden hat auch die Auflösungsrate ihr Maximum erreicht. Auffällig ist, dass die Körner zu diesem Zeitpunkt in ihrer Fläche nahezu verschwunden sind – das gemessene Korn ist auf 1,231µm Länge und 0,748µm Breite geschrumpft – sich jedoch in ihrer Höhe lokal nochmal anreichern und so die Kornhöhe noch einmal auf 0,286nm ansteigt. Dies ist auch auf dem rechten Bild der Abb. 16 anhand der weißen Flächen erkennbar, die eine Erhöhung der Körner anzeigt.

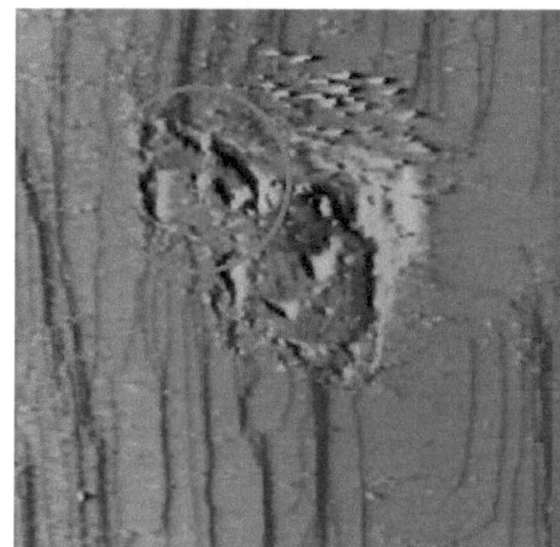

Abb. 16: Stetiger Abbau der Pyramiden-Struktur unter dem Einfluss von destilliertem Wasser. Der rote Kreis gibt den Bereich des gemessenen Korns an. Beide Aufnahmen sind während des Praktikums entstanden

6 Röntgenpulverdiffraktometrie (XRD)

Die Röntgenpulverdiffraktometrie ist ein Verfahren zur Charakterisierung anorganischer und organischer (mineralischer) Substanzen in Pulverform. Die Probe muss dabei feinpulvrig sein und eine Kristallgröße von 1-10μm aufweisen. Dabei lassen sich qualitativ Aussagen über die Mineralphasen, sowie quantitativ über die modalen Gewichtsanteile, machen. Ebenso kann das Verfahren zur Gitterkonstantenbestimmung von Mischkristallen herangezogen werden, sowie zur Korngrößenbestimmung und zur Kristallstrukturbestimmung.

Im Praktikum wurde an dem Röntgenpulverdiffraktometer Philips X'Pert PW 3040 - nach Bragg-Brentano, mit eingebautem Goniometer - gearbeitet, welches aufgrund seiner Bleiverglasung zu den sogenannten Vollschutzgeräten gehört. Ein angelegter Generator im Inneren erzeugt eine Hochspannung von 45kV und einen Elektronenstrom von 40mA. Diese Energie wird anschließend zur Cu-Anode in der Röntgenröhre geleitet. Ein Primärchromatomator reflektiert die monochromatischen $CuK\alpha_1$-Strahlen zu dem eingebauten Beryllium-Fenster. Ein schematischer Aufbau der Röntgenröhre ist in Abb. 17 dargestellt.

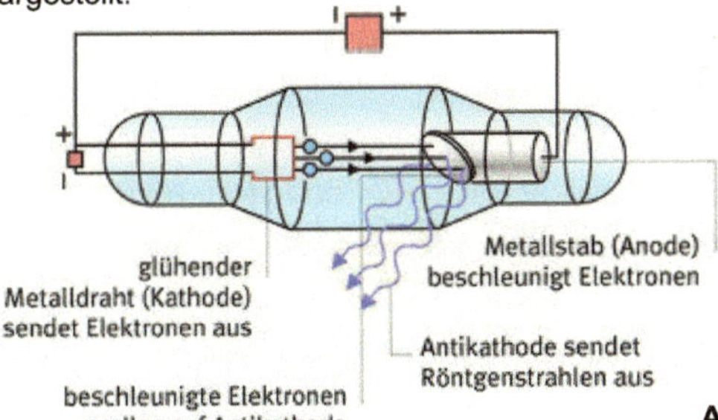

Abb. 17: Schematischer Aufbau der Röntgenröhre [9]

Die reflektierte Röntgenstrahlung wird nun, der Bragg-Brentano-Geometrie und dem Goniometerkreis folgend, zur Detektorblende (PRS) geleitet und der Strahl wird über die zwei Primärstrahlblenden fokussiert. Eine schematische Darstellung der erwähnten Bragg-Brentano-Geometrie ist in Abb. 18 zu sehen.

Eine zusätzliche Streustrahlblende entfernt die unerwünschten Streustrahlen aus der Luft.

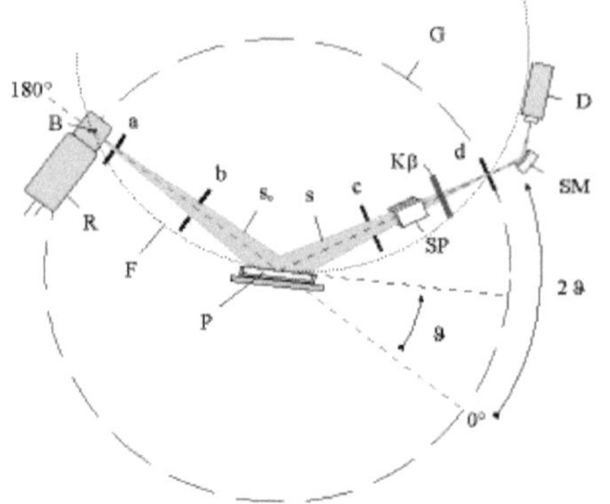

Abb. 18: Bragg-Brentano-Geometrie [10]

Hinter den Blenden befinden sich die Detektoren. Ein 0-dim Proportionalitätszähler zählt punktweise die Röntgenstrahlen, die die Blende verlassen. Dieser Detektor hat zwar eine niedrige Zählrate, bildet aber scharfe Peak-Linien aus. Dies ist vor allem wichtig zur Bestimmung der Gitterkonstanten. Der 1-dim ortsempfindliche Detektor (OED) ermöglicht dagegen eine hohe Zählrate, was wichtig zur Phasenbestimmung ist, und dafür breite Peak-Linien, was wieder weniger zur Gitterkonstantenbestimmung geeignet ist. Im Praktikum haben wir mit Hilfe dieses Detektors drei Proben untersucht: „Pb 1", „Pb 30" und „Mix A". Zur Präparation wurden die Proben mit Hilfe eines Achatmörsers pulverfein zerrieben und anschließend 5 Minuten lang in einem Winkelbereich von 5-80° analysiert. Die anschließende Peak-Auswertung mit Hilfe des Programms „X'Pert High Score" ergab folgende Ergebnisse: Für die Probe „Pb 1" gab es eine Peak-Übereinstimmung mit dem Mineral Hemimorphit (s. Abb. 19), die Probe „Pb 30" enthielt Albit und Quarz (s. Abb. 20) und die Probe „Mix A" enthielt die Minerale Kalzit, Zinkoxid und Quarz (s. Abb. 21).

Anschließend wurde die Probe „Pb 1" des Hemimorphits erneut verwendet, diesmal allerdings zur Gitterkonstantenbestimmung. Anhand vorgegebener Literatur ist im Vorfeld bekannt, dass dieses Mineral eine orthorhombische Kristallstruktur, mit der Raumgruppe „Imm2" und den Zellparametern a=8,366, b=10,714 und c=5,113, hat. Um Vergleichswerte für die Analyse zu erhalten, kann auch der OED zur Gitterkonstantenbestimmung herangezogen werden. Dazu wurde der zweite Peak, der auch in Abb. 19 erkennbar ist, ausgewählt. Um diesen Peak genauer zu analysieren, wurde dem Programm der Befehl erteilt, innerhalb der Linienbreite $2\theta_{lins}=13,4024°$, $2\theta_{rechts}=13,4603°$ und $2\theta=0,058°$ zu messen. Die erhaltene Analyse wurde anschließend zur Gitterkonstantenbestimmung mittels des Programms „CELREF" weiter bearbeitet. Dabei geht man wie folgt vor: Die Peak-Analyse aus dem Röntgenpulverdiffraktometer wird in das Programm hochgeladen und die Zellparameter, sowie die Raumgruppe und die Kristallstruktur, eingefügt. Jetzt sucht das Programm nach Peak-Standards, die es nun in die Analyse mit einfügt. Da diese Werte aber nicht zwingend mit der Analyse übereinstimmen, werden nun iterativ Peak-Positionen ausgewählt, der „Treshold" variiert und die 2θ-Toleranz solange angepasst, bis die „mean square deviation" sich nicht mehr verändert und eine realtive Übereinstimmung, mit den Daten aus dem Programm, vorhanden ist. Für den OED erhalten wir anhand dieser Vorgehensweise und auf der Basis von 54 Peaks, folgende Zellparameter: a=8,3735(6), b=10,7249(9), c=5,11854 und s^2=0,00858. Diese Werte stimmen fast mit den Werten aus der Literatur überein.

Anschließend wurde dieselbe Probe erneut, mittels des Röntgenpulverdiffraktometer analysiert, diesmal aber unter Nutzung des Proportionalitätszählers. Dabei wurde der Programmablauf wie folgt angepasst: Halbwertsbreite=0,06, $2\theta_{links}$=13,3325°, $2\theta_{rechts}$=13,4699°. Folglich ist nun 2θ=0,14°, was ungefähr doppelt so breit ist, wie bei der Messung mit dem OED. Aus der vorangegangen Analyse wissen wir, dass der nötige Peak sich in einem Bereich von 10-75° befindet, also wird auch nur dieser Bereich gemessen. Für diese Werte wäre eine Schrittweite von 0,01 nötig, dies würde allerdings fast zwei Stunden in Anspruch nehmen. Aufgrund der mangelnden Zeit während des Praktikums, wurde die Schrittweite deshalb auf 0,02 erhöht und die Analysedauer auf ungefähr 40 Minuten herabgesetzt. Die „Time steps" betrugen 0,95. Nach absolvierter Analyse wurde mit den erhaltenen Peaks und dem Programm „CELREF" genauso verfahren, wie zuvor beschrieben. Das erhaltene Peak-Diagramm hierfür ist in Abb. 22 zu sehen. Auf der Basis von 33 Peaks und einer „mean square deviation" von 0,00798, erhielt man folgende Zellparameter: a=8,3704 (+0,00798), b=10,7206 (+0,0012), c=5,1168 (+0,005) und s^2=0,0798. Anhand dieser Werte, ist eine deutliche Abweichung zwischen den Werten aus der Literatur und des OED's erkennbar und auch der Fehler ist hierfür viel größer, als bei der vorangegangenen Analyse. Die Begründung dafür liegt wahrscheinlich in der verkürzten Messzeit: Je länger die Messung andauert, desto genauer sind die erhaltenen Peaks.

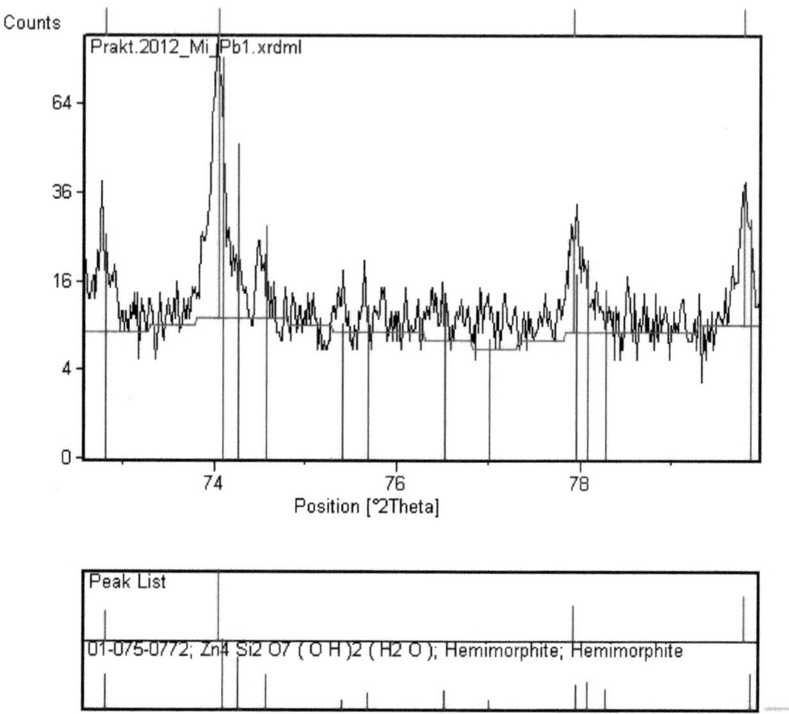

Abb. 19: Peak-Analyse für die Probe „Pb 1". Das Ergebnis ist das Mineral Hemimorphit. Diese Aufnahme ist während des Praktikums entstanden.

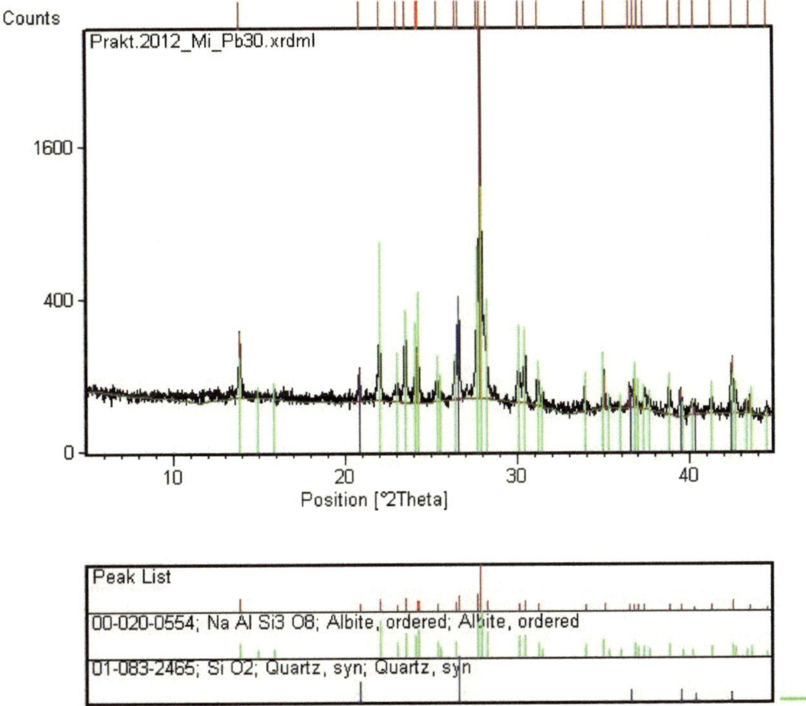

Abb. 20: Peak-Analyse für die Probe „Pb 30". Die Probe besteht aus Albit und Quarz. Diese Aufnahme ist während des Praktikums entstanden.

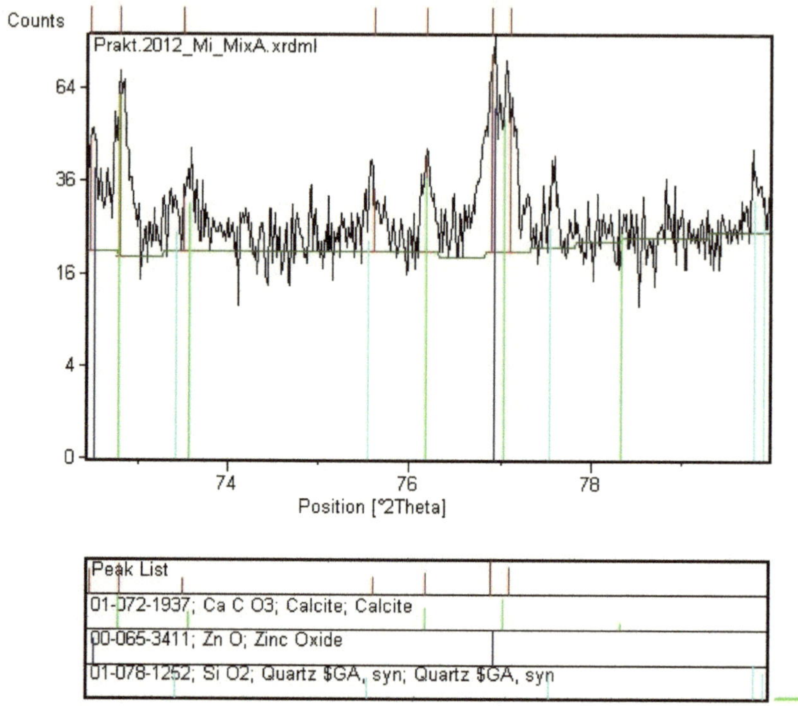

Abb. 21: Peak-Analyse für die Probe „Mix A". Die Probe enthielt Kalzit, Zinkoxid und Quarz

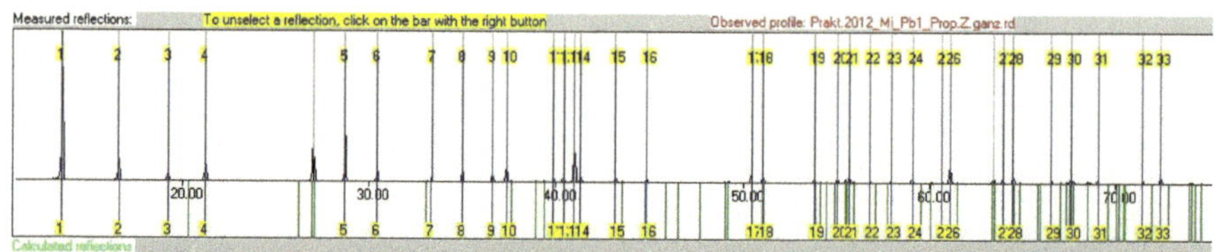

Abb.22: Peak-Diagramm aus „CELREF" für die Messung des Hemimorphits mittels Proportionalitätszähler. Oberhalb sind die Peaks aus dem Röntgenpulverdiffraktometer zu sehen, unterhalb die ermittelten Peaks des Programms. Diese Aufnahme ist während des Praktikums entstanden.

7 Literaturverzeichnis

<u>Rasterelektronenmikroskop REM:</u>

1. http://www.uni-ulm.de/elektronenmikroskopie/REMHerbst2001.html (Stand: 3.11.11)
2. http://www.uni-ulm.de/elektronenmikroskopie/Praktikumsbericht/main.htm (Stand: 3.11.11)
3. http://www.uni-saarland.de/fak7/hartmann/cfn/Dokumente/Manuals/Rasterelektronenmikroskop.pdf (Stand: 3.11.11)
4. [1] http://www.pit.physik.uni-tuebingen.de/PIT-II/research/DE/REM/REM-Schema.gif (Stand: 9.01.13)
5. [2] http://www.ims-analytics.de/wp-content/uploads/2009/07/REM-SignalREM.jpg (Stand: 9.01.13)
6. [3]http://upload.wikimedia.org/wikipedia/commons/thumb/5/5a/Atom_model_for_EDX_DE.svg/220px-Atom_model_for_EDX_DE.svg.png (Stand: 9.01.13)

<u>Mikrosonde:</u>

1. http://www.mineralogie.uni-frankfurt.de/petrologie-geochemie/mikrosonde/funktion/index.html (Stand: 26.1.12)
2. [4]http://www.bgr.bund.de/DE/Themen/GG_Mineral/Bilder/GrafikMikrosonde_g.jpg?__blob=normal&v=2 (Stand: 9.01.13)

<u>Transmissionselektronenmikroskop (TEM):</u>

1. http://www1.tu-darmstadt.de/fb/ms/fg/sf/TEM1.pdf (Stand: 26.1.12)
2. http://wwwex.physik.uni-ulm.de/lehre/physikalischeelektronik/phys_elektr/node281.html (Stand: 26.1.12)
3. Abb. 9: http://www.msz.ovgu.de/msz_media/tem_labor/msztem_schema1-width-400-height-568.jpeg (Stand: 26.1.12)
4. [5] http://3d.zoosyst-berlin.de/Bilder/TEM_Darstellung_klein.png (Stand: 9.01.13)
5. [6] http://edoc.hu-berlin.de/dissertationen/bernhard-tobias-2006-11-23/HTML/image111.jpg (Stand: 9.01.13)
6. [7] http://www.cosmicastronomy.com/micro14d.jpg (Stand: 9.01.13)

<u>Rasterkraftmikroskop - Atomic Force Microscopy (AFM):</u>

1. <u>http://www.wirtschaftsphysik.de/e107_files/public/fp/afm1.pdf</u> (Stand: 26.1.12)
2. [8] <u>http://www3.physik.uni-greifswald.de/method/afm/AFM_laser.gif</u> (Stand: 9.01.13)

<u>Röntgenpulverdiffratometrie (XRD):</u>

1. [9] <u>http://service.wissens-server.com/wissensserver/media?a=v&u=jadis/incoming/506847.jpg&c=file-system&v=resize&height=%20&width=360</u> (Stand: 9.01.13)
2. [10] <u>http://www.terrachem.de/bilder/roentgenbeugungsanalyse-bragg-brentano-diffraktometrie.gif</u> (Stand: 9.01.13)

Alle anderen Abbildungen sind während der jeweiligen Praktika entstanden.